湖南省工程建设地方标准

高延性高强冷轧带肋钢筋应用技术标准

Technical standard for cold-rolled ribbed high strength
steel bar with high elongation

DBJ 43/T 352—2019

主编单位：湖南大学
  湖南华银国际工程设计研究院有限公司
批准部门：湖南省住房和城乡建设厅
施行日期：2020年03月01日

湖南大学出版社

2020　长　沙

图书在版编目（CIP）数据

高延性高强冷轧带肋钢筋应用技术标准：湖南省工程建设地方标准/湖南大学，湖南华银国际工程设计研究院有限公司主编．—长沙：湖南大学出版社，2020.5

ISBN 978-7-5667-1550-0

Ⅰ.①高⋯ Ⅱ.①湖⋯ ②湖⋯ Ⅲ.①冷轧—延性—高强度—钢筋—地方标准—湖南 Ⅳ.①TU511.3-65

中国版本图书馆 CIP 数据核字（2020）第 070750 号

湖南省工程建设地方标准

高延性高强冷轧带肋钢筋应用技术标准

GAOYANXING GAOQIANG LENGZHA DAILEI GANGJIN YINGYONG JISHU BIAOZHUN

主　　编：湖南大学　湖南华银国际工程设计研究院有限公司
责任编辑：廖　鹏　责任校对：尚楠欣　责任印制：陈　燕
印　　装：长沙市宏发印刷有限公司
开　　本：850 mm×1168 mm　1/32　印张：2　字数：56 千
版　　次：2020 年 5 月第 1 版　印次：2020 年 5 月第 1 次印刷
书　　号：ISBN 978-7-5667-1550-0
定　　价：24.00 元

出 版 人：李文邦
出版发行：湖南大学出版社
社　　址：湖南·长沙·岳麓山　　　邮　编：410082
电　　话：0731-88822559（发行部），88821315（编辑室），88821006（出版部）
传　　真：0731-88649312（发行部），88822264（总编室）
网　　址：http://www.hnupress.com　电子邮箱：lplmyxty@163.com
主　　页：http://blog.sina.com.cn/hnup

湖南省住房和城乡建设厅文件

湘建科〔2019〕163号

湖南省住房和城乡建设厅
关于发布湖南省工程建设地方标准
《高延性高强冷轧带肋钢筋应用技术标准》的通知

各市州住房和城乡建设局，各有关单位：

由湖南大学和湖南华银国际工程设计研究院有限公司主编的《高延性高强冷轧带肋钢筋应用技术标准》已经我厅组织专家审定通过，现批准为湖南省工程建设推荐性地方标准，编号为 DBJ 43/T 352—2019，自 2020 年 3 月 1 日起在全省范围内实施。

该标准由湖南省住房和城乡建设厅负责管理，由主编单位负责标准具体技术内容的解释。

湖南省住房和城乡建设厅
2019 年 8 月 30 日

前　言

　　为贯彻执行国家环保节能的技术经济政策，在工程建设中推广应用高延性高强冷轧带肋 CRB600H 级钢筋，标准编制组经广泛调查研究，认真总结湖南省和兄弟省市推广应用高延性高强冷轧带肋 CRB600H 级钢筋经验，参考国内有关技术标准和相关政策，并在广泛征求意见的基础上，制定了本标准。

　　本标准列入了已纳入国家行业标准和产品标准的高延性高强冷轧带肋 CRB600H 级钢筋，以利于其在工业与民用建筑中的推广应用。

　　本标准的主要技术内容有：1. 总则；2. 术语和符号；3. 材料；4. 基本设计规定；5. 结构构件设计；6. 构造；7. 施工；8. 质量验收。

　　本标准由湖南省住房和城乡建设厅负责管理，由标准的主编单位湖南大学（地址：长沙市湖南大学土木工程学院；邮政编码：410082）和湖南华银国际工程设计研究院有限公司负责具体技术内容的解释。在使用过程中，如发现需要修改或补充之处，请将意见、建议及资料寄至解释单位。

　　本标准主编单位：湖南大学
　　　　　　　　　　湖南华银国际工程设计研究院有限公司
　　本标准参编单位：湖南复星合力新材料有限公司
　　　　　　　　　　湖南青竹湖城乡建设有限公司
　　　　　　　　　　湖南高岭建设集团股份有限公司
　　　　　　　　　　湖南航凯建材发展有限公司
　　　　　　　　　　湖南恒凯环保科技投资有限公司
　　　　　　　　　　湖南福天置业有限公司
　　　　　　　　　　中交一公局集团有限公司

湖南建工集团有限公司

湖南东方红建设集团有限公司

湖南顺天建设集团有限公司

湖南省沙坪建设有限公司

湖南兴旺建设有限公司

湖南省建筑设计院有限公司

中国建筑第五工程局有限公司

河南省建筑设计研究有限公司

深圳市建筑设计研究总院有限公司

中渝名威工程技术有限公司

重庆金三维园林市政有限公司

重庆市永南建筑工程有限责任公司

中煤科工集团重庆设计研究院

中机中联工程有限公司

远海建工（集团）有限公司

深圳奥意建筑工程设计有限公司

本标准主编人员：唐昌辉　陈金罗

本标准参编人员：李　灿　李　谊　刘立光　李　清

熊　力　殷　强　曾　慧　刘德清

廖　莎　蒋　进　黄　频　欧阳鹏

许国生　陈　伟　刘　湘　何旺胜

郝建庚　陈赛国　唐振兴　唐孝远

洪明君　粟元甲　姚付猛　张明亮

郑智洪　陈方红　周洪波　刘高强

谭　波　刘建文　于秋波　蔡黎明

刘德佳　郭永飞　陶思华　王兴明

周先礼　杨　越　聂剑莉　钟波峰

常运军

本标准审查人员：沈蒲生　刘立新　梁建国　倪国泉

唐明雄　谭光宇　罗高亮

目　　次

Contents

1 总　　则

1.0.1 为贯彻执行国家环保节能的技术经济政策，在工程建设中推广应用高延性高强冷轧带肋 CRB600H 级钢筋，做到安全适用、质量可靠、技术先进、经济合理，特制定本标准。

1.0.2 本标准适用于工业与民用建筑或构筑物中采用高延性高强冷轧带肋 CRB600H 级钢筋的结构设计、施工与质量验收。

1.0.3 采用高延性高强冷轧带肋 CRB600H 级钢筋的结构设计、施工及验收，除应符合本标准外，尚应符合国家现行有关标准的规定。

2 术语和符号

2.1 术 语

2.1.1 高延性高强冷轧带肋 CRB600H 级钢筋 CRB600H degree of cold-rolled ribbed high strength steel bar with high elongation

由热轧低碳盘条钢筋经过冷轧成型及回火热处理而成的,极限强度标准值为 600 N/mm² 的高延性冷轧带肋钢筋,其中,C、R、B、H 分别为冷轧(cold-rolled)、带肋(ribbed)、钢筋(bar)、高延性(high elongation)四个词的英文首位字母。

2.1.2 钢筋焊接网 welded steel fabric

纵向或横向钢筋分别以一定间距垂直排列,全部交叉点用电阻点焊的方法焊接在一起的钢筋网片,简称焊接网。

2.1.3 装配式建筑 assembled building

结构体系、外围护系统、设备与管线系统、内装系统的主要部分采用预制部品部件集成的建筑。

2.1.4 预制混凝土构件 precast concrete members

在工厂或现场预先生产制作的混凝土构件,简称预制构件。

2.1.5 配筋砌体结构 reinforced masonry structure

由配置钢筋的砌体作为建筑物主要受力构件的结构。是网状配筋砌体柱、水平配筋砌体墙、砖砌体和钢筋混凝土面层或钢筋砂浆面层组合砌体柱(墙)、砖砌体和钢筋混凝土构造柱组合墙以及配筋砌块砌体剪力墙结构的统称。

2.1.6 配筋砌块砌体剪力墙结构 reinforced concrete masonry shear wall structure

由承受竖向和水平作用的配筋砌块砌体剪力墙和混凝土楼、屋盖所组成的房屋建筑结构。

2.1.7 蒸压加气混凝土板 autoclaved aerated concrete plate

蒸压加气混凝土制成的板材（分为屋面板、楼板、外墙板和隔墙板）。根据结构要求在蒸压加气混凝土内需配置经防锈处理的不同规格、不同数量的钢筋网片。

2.1.8 砌体结构加固 strengthening of masonry structures

对可靠性不足或业主要求提高可靠度的砌体结构、构件及其相关部分采取增强、局部更换或调整其内力等措施，使其符合现行设计规范及具有业主所要求的安全性、耐久性和适应性。

2.1.9 进场检验 site inspection

对进入施工现场的建筑材料、构配件、设备及器具，按相关标准的要求进行检验，并对其质量、规格及型号等是否符合要求做出确认的活动。

2.2 符 号

2.2.1 作用效应

f_c ——蒸压加气混凝土抗压强度设计值；

f_y ——钢筋的抗拉强度设计值；

f_t ——蒸压加气混凝土抗拉强度设计值；

E_c ——蒸压加气混凝土板的弹性模量；

E_s ——钢筋的弹性模量；

M ——弯矩设计值；

M_k ——可按荷载效应的标准组合计算的跨中最大弯矩值；

M_q ——按荷载效应的准永久组合计算的跨中最大弯矩值；

V ——剪力设计值；

σ_{sq} ——按荷载准永久组合计算的纵向受拉钢筋等效应力。

2.2.2 几何参数

A_s ——纵向受拉钢筋截面面积；

A_{te} ——有效受拉混凝土截面面积；

b ——板材截面宽度；

c_s ——最外层纵向受拉钢筋外边缘至受拉区底边的距离；

3

d_{eq} ——受拉区纵向受拉钢筋的等效直径；

h_0 ——截面有效高度；

I_0 ——换算截面的惯性矩；

x ——蒸压加气混凝土受压区的高度。

2.2.3 计算系数及其他

α_{cr} ——构件受力特征系数；

ψ ——裂缝间纵向受拉钢筋应变不均匀系数；

ρ_{te} ——按有效受拉混凝土截面面积计算的纵向受拉钢筋配筋率；

δ ——构件系数；

θ ——考虑荷载长期作用对挠度增大的影响系数。

3 材 料

3.1 钢 筋

3.1.1 高延性高强冷轧带肋 CRB600H 级钢筋的强度标准值应具有不小于 95% 的保证率，其屈服强度标准值 f_{yk}、极限强度标准值 f_{stk} 应按表 3.1.1 采用。

表 3.1.1 高延性高强冷轧带肋 CRB600H 级钢筋强度标准值

钢筋类别	符号	公称直径 d/mm	屈服强度标准值 $f_{yk}/N \cdot mm^{-2}$	极限强度标准值 $f_{stk}/N \cdot mm^{-2}$
高延性高强冷轧带肋 CRB600H 级钢筋	ϕ^{RH}	5～12	540	600

注：高延性高强冷轧带肋 CRB600H 级钢筋的公称直径、公称截面面积及理论重量见本标准附录 A。

3.1.2 高延性高强冷轧带肋 CRB600H 级钢筋的抗拉强度设计值 f_y、抗压强度设计值 f'_y 应按表 3.1.2 采用。

表 3.1.2 高延性高强冷轧带肋 CRB600H 级钢筋强度设计值

钢筋类别	抗拉强度设计值 $f_y/N \cdot mm^{-2}$	抗压强度设计值 $f'_y/N \cdot mm^{-2}$
高延性高强冷轧带肋 CRB600H 级钢筋	430	380

注：柱箍筋加密区箍筋的体积配筋率计算和约束混凝土柱箍筋的抗拉强度设计值按表中 f_y 取用。

3.1.3 高延性高强冷轧带肋 CRB600H 级钢筋在最大力下的总伸长率 δ_{gt} 不应小于 5.0%。

3.1.4 高延性高强冷轧带肋 CRB600H 级钢筋的弹性模量 E_s 取

1.90×10^5 N/mm^2。

3.1.5 高延性高强冷轧带肋 CRB600H 级钢筋用于需做疲劳性能验算的板类构件，当钢筋的最大应力不超过 300 N/mm^2 时，钢筋的 200 万次疲劳应力幅限值可取 150 N/mm^2。

3.2 混 凝 土

3.2.1 采用高延性高强冷轧带肋 CRB600H 级钢筋的混凝土结构或构件的混凝土强度等级不宜低于 C30，不应低于 C25。

3.2.2 混凝土的强度标准值、强度设计值及弹性模量等应按现行国家标准《混凝土结构设计规范》GB 50010 的有关规定采用。

3.3 蒸压加气混凝土板及砌体材料

3.3.1 蒸压加气混凝土砌块强度等级不应低于 A3.5。

3.3.2 砌体中块体材料和砂浆的强度等级应按国家现行标准《砌体结构设计规范》GB 50003、《墙体材料应用统一技术规范》GB 50574 和《蒸压加气混凝土建筑应用技术规程》JGJ/T 17 的有关规定采用。

4 基本设计规定

4.1 钢筋应用范围

4.1.1 在工业与民用建筑或构筑物中，高延性高强冷轧带肋CRB600H级钢筋可作为：

1 现浇或预制混凝土板（含叠合板）的受力钢筋、分布钢筋及构造钢筋；

2 抗震等级为四级的钢筋混凝土框架和剪力墙结构的受力钢筋；

3 各种类型的基础受力钢筋；

4 梁、柱箍筋及剪力墙边缘构件箍筋；

5 不参与抗震计算的次梁纵向钢筋；

6 预应力混凝土构件中的非预应力钢筋。

4.1.2 砌体结构和砌体填充墙中的圈梁、构造柱（芯柱）配筋，拉结筋或拉结网片，以及配筋砌体的受力钢筋均可采用高延性高强冷轧带肋CRB600H级钢筋。

4.1.3 砌体结构加固中的钢筋网片及增设附壁柱、圈梁、构造柱中的钢筋均可采用高延性高强冷轧带肋CRB600H级钢筋。

4.2 基本设计规定

4.2.1 采用高延性高强冷轧带肋CRB600H级钢筋的混凝土结构的承载能力极限状态计算、正常使用极限状态验算、构件抗震设计及耐久性设计等除应符合本标准要求外，尚应符合国家现行标准《建筑结构可靠度设计统一标准》GB 50068、《混凝土结构设计规范》GB 50010、《建筑抗震设计规范》GB 50011、《冷轧带肋钢筋混凝土结构技术规程》JGJ 95的有关规定；当用于钢筋焊接网时，尚应符合国家现行行业标准《钢筋焊接网混凝土结构技术规程》JGJ 114 的有关规定。

4.2.2 采用高延性高强冷轧带肋 CRB600H 级钢筋的混凝土结构或构件在正常使用极限状态下的挠度限值、裂缝控制等级及最大裂缝宽度限值应符合国家现行标准《混凝土结构设计规范》GB 50010 和《冷轧带肋钢筋混凝土结构技术规程》JGJ 95 的有关规定。

4.2.3 采用高延性高强冷轧带肋 CRB600H 级钢筋的装配式建筑预制混凝土构件的计算与构造要求应符合国家现行标准《装配式混凝土结构技术规程》JGJ 1 和《装配式混凝土建筑技术标准》GB/T 51231 的有关规定。

4.2.4 采用高延性高强冷轧带肋 CRB600H 级钢筋的砌体结构计算与构造要求应符合现行国家标准《砌体结构设计规范》GB 50003 的有关规定。

4.2.5 采用高延性高强冷轧带肋 CRB600H 级钢筋的砌体结构加固计算与构造要求应符合现行国家标准《砌体结构加固设计规范》GB 50702 的有关规定。

4.2.6 采用高延性高强冷轧带肋 CRB600H 级钢筋的蒸压加气混凝土板的设计应符合国家现行行业标准《蒸压加气混凝土建筑应用技术规程》JGJ/T 17 的有关规定。

5 结构构件设计

5.1 混凝土结构构件

5.1.1 配有高延性高强冷轧带肋 CRB600H 级钢筋的混凝土构件的正截面承载力设计除应符合本标准要求外，尚应符合国家现行标准《建筑结构可靠度设计统一标准》GB 50068、《混凝土结构设计规范》GB 50010、《建筑抗震设计规范》GB 50011、《冷轧带肋钢筋混凝土结构技术规程》JGJ 95 的有关规定。

5.1.2 配有高延性高强冷轧带肋 CRB600H 级钢筋的混凝土连续板的内力计算可考虑塑性内力重分布，其支座弯矩调幅幅度不宜大于弹性方法计算值的 15%。

5.1.3 配有高延性高强冷轧带肋 CRB600H 级钢筋的混凝土构件的斜截面承载力计算、抗扭承载力计算及抗冲切承载力计算应符合现行国家标准《混凝土结构设计规范》GB 50010 的有关规定，此时箍筋的抗拉强度设计值应取 360 N/mm²。

5.1.4 配有高延性高强冷轧带肋 CRB600H 级钢筋的混凝土构件在正常使用极限状态下的挠度限值、裂缝控制等级及最大裂缝宽度限值应符合国家现行标准《混凝土结构设计规范》GB 50010 和《冷轧带肋钢筋混凝土结构技术规程》JGJ 95 的有关规定。

5.1.5 配有高延性高强冷轧带肋 CRB600H 级钢筋的矩形、T 形、倒 T 形 和 I 形截面的钢筋混凝土受拉、受弯、偏心受压构件和板类受弯构件，在荷载准永久组合并考虑长期作用影响下的最大裂缝宽度 w_{max} 可按下列公式计算：

$$w_{max} = \alpha_{cr}\psi\frac{\sigma_{sq}}{E_s}\left(1.9c_s + 0.08\frac{d_{eq}}{\rho_{te}}\right) \qquad (5.1.5\text{-}1)$$

$$\rho_{te} = \frac{A_s}{A_{te}} \qquad (5.1.5\text{-}2)$$

$$\psi = \delta - 0.65 \frac{f_{tk}}{\rho_{te}\sigma_s} \qquad (5.1.5\text{-}3)$$

式中：α_{cr}——构件受力特征系数，对受弯和偏心受压构件取 1.9，对偏心受拉构件取 2.4，对轴心受拉构件取 2.7；

  ψ——裂缝间纵向受拉钢筋应变不均匀系数，当 $\psi < 0.2$ 时，取 $\psi = 0.2$，当 $\psi > 1.0$ 时，取 $\psi = 1.0$，对直接承受重复荷载的构件取 $\psi = 1.0$；

  σ_{sq}——按荷载准永久组合计算的纵向受拉钢筋等效应力（N/mm²），按现行国家标准《混凝土结构设计规范》GB 50010 的规定计算；

  E_s——钢筋的弹性模量（N/mm²）；

  c_s——最外层纵向受拉钢筋外边缘至受拉区底边的距离（mm），当 $c_s < 20$ 时，取 $c_s = 20$，当 $c_s > 65$ 时，取 $c_s = 65$；

  d_{eq}——受拉区纵向受拉钢筋的等效直径（mm），按现行国家标准《混凝土结构设计规范》CB 50010 的规定计算；

  ρ_{te}——按有效受拉混凝土截面面积计算的纵向受拉钢筋配筋率，当 $\rho_{te} < 0.01$ 时，取 $\rho_{te} = 0.01$；

  A_s——受拉区纵向受拉钢筋截面面积（mm²），按现行国家标准《混凝土结构设计规范》GB 50010 的规定计算；

  A_{te}——有效受拉混凝土截面面积（mm²），按现行国家标准《混凝土结构设计规范》GB 50010 的规定计算；

  δ——构件系数，对矩形、T 形、倒 T 形 和 I 形截面构件取 1.1，对板类受弯构件取 1.05。

5.1.6 配有高延性高强冷轧带肋 CRB600H 级钢筋的混凝土受弯构件挠度验算应符合国家现行行业标准《冷轧带肋钢筋混凝土结构技术规程》JGJ 95 的有关规定。

5.2 砌体结构构件

5.2.1 配有高延性高强冷轧带肋 CRB600H 级钢筋的砌体结构构件设计应符合现行国家标准《砌体结构设计规范》GB 50003 的有关规定。

5.2.2 配有高延性高强冷轧带肋 CRB600H 级钢筋的砌体结构构件加固设计应符合现行国家标准《砌体结构加固设计规范》GB 50702 的有关规定。

5.3 蒸压加气混凝土配筋板

5.3.1 配有高延性高强冷轧带肋 CRB600H 级钢筋的蒸压加气混凝土配筋受弯板材的正截面承载力（图 5.3.1）应符合下列规定：

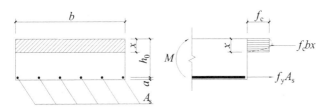

图 5.3.1 配筋受弯板材正截面承载力计算简图

$$M \leqslant 0.75 f_c bx \left(h_0 - \frac{x}{2} \right) \tag{5.3.1-1}$$

受压区高度 x 可按公式（5.3.1-2）确定，且应满足公式（5.3.1-3）的要求：

$$f_c bx = f_y A_s \tag{5.3.1-2}$$

$$x \leqslant 0.5 h_0 \tag{5.3.1-3}$$

则单面受拉钢筋的最大配筋率 ρ_{max}：

$$\rho_{max} = 0.5 \frac{f_c}{f_y} \times 100\% \tag{5.3.1-4}$$

式中：M——弯矩设计值（N·mm）；

　　　f_c——蒸压加气混凝土抗压强度设计值（N/mm^2）；

　　　b——板材截面宽度（mm）；

　　　x——蒸压加气混凝土受压区的高度（mm）；

　　　h_0——截面有效高度（图中 a 为受拉钢筋截面中心到板底距离）（mm）；

　　　f_y——纵向受拉钢筋的强度设计值（N/mm^2）；

　　　A_s——纵向受拉钢筋截面面积（mm^2）。

5.3.2 配有高延性高强冷轧带肋 CRB600H 级钢筋的蒸压加气混凝土配筋受弯板材的斜截面抗剪承载力，可按下式验算：

$$V \leqslant 0.45 f_t bh_0 \tag{5.3.2}$$

式中：V——剪力设计值（N）；

　　　f_t——蒸压加气混凝土劈拉强度设计值（N/mm^2）。

　　当不能满足公式（5.3.2）的要求时，应增大板材的厚度。

5.3.3 配有高延性高强冷轧带肋 CRB600H 级钢筋的蒸压加气混凝土配筋受弯板材在正常使用极限状态下的挠度应采用荷载效应标准组合，并考虑荷载长期作用影响的刚度 B，按弹性方法计算。所得最大挠度计算值不应超过 $l_0/200$（l_0 为板材的计算跨度）。

5.3.4 蒸压加气混凝土配筋受弯板材在荷载效应标准组合下的短期刚度 B_s 应按下式计算：

$$B_s = 0.85 E_c I_0 \tag{5.3.4-1}$$

式中：E_c——蒸压加气混凝土板的弹性模量（N/mm^2）；

　　　I_0——换算截面的惯性矩（mm^4）。

　　当考虑荷载长期作用的影响时，板材的刚度 B 可按下式计算：

$$B = \frac{M_k}{M_q(\theta - 1) + M_k} B_s \tag{5.3.4-2}$$

式中：M_k——可按荷载效应的标准组合计算的跨中最大弯矩值（N·mm）；

M_q——按荷载效应的准永久组合计算的跨中最大弯矩值
（N·mm）；

θ——考虑荷载长期作用对挠度增大的影响系数，在一般
情况下可取 2.0。

5.3.5 蒸压加气混凝土板内钢筋应进行防锈处理，防锈剂与蒸
压加气混凝土的粘结强度按国家现行行业标准《蒸压加气混凝土
板钢筋涂层防锈性能试验方法》JC/T 855 进行检测，粘结强度
应符合现行国家标准《蒸压加气混凝土板》GB 15762 的有关
规定。

6 构 造

6.1 一 般 规 定

6.1.1 配有高延性高强冷轧带肋 CRB600H 级钢筋的混凝土结构构件中的最小保护层厚度应符合现行国家标准《混凝土结构设计规范》GB 50010 的有关规定。有防火要求的结构构件，其混凝土保护层厚度尚应符合国家现行有关标准的规定。

6.1.2 配有高延性高强冷轧带肋 CRB600H 级钢筋的普通钢筋混凝土构件中受拉钢筋的锚固长度 l_a 不应小于表 6.1.2 规定的数值，且不应小于 200 mm。

表 6.1.2　高延性高强冷轧带肋 CRB600H 级钢筋的最小锚固长度

混凝土强度等级	C25	C30	C35	C40	≥C45
最小锚固长度/mm	41d	37d	33d	31d	30d

注：表中 d 为高延性高强冷轧带肋 CRB600H 级钢筋的公称直径（mm）。

6.1.3 当高延性高强冷轧带肋 CRB600H 级钢筋同一截面搭接接头面积百分率不超过 25% 时，其纵向受拉钢筋的最小搭接长度不应小于表 6.1.3 的规定。

表 6.1.3　高延性高强冷轧带肋 CRB600H 级钢筋纵向
受拉钢筋的最小搭接长度

混凝土强度等级	C25	C30	C35	≥C40
最小搭接长度/mm	50d	45d	40d	35d

注：1　d 为搭接高延性高强冷轧带肋 CRB600H 级钢筋直径（mm）；
　　2　两根直径不同钢筋的搭接长度，以较细钢筋的直径计算。

6.1.4 当高延性高强冷轧带肋 CRB600H 级的纵向受拉钢筋同一截面搭接接头面积百分率为 50% 时，其最小搭接长度应按表

6.1.3 中的数值乘以修正系数 1.15 计算；当同一截面搭接接头面积百分率为 100％时，其最小搭接长度应按表 6.1.3 中的数值乘以修正系数 1.35 计算；当同一截面搭接接头面积百分率为其他中间值时，修正系数可按内插法取值。

6.1.5 配有高延性高强冷轧带肋 CRB600H 级钢筋的普通钢筋混凝土构件中的最小配筋率应符合现行国家标准《混凝土结构设计规范》GB 50010 的有关规定。对于板类受弯构件（悬臂板除外）的纵向受拉钢筋，其最小配筋率可取 0.15％和 $45f_t/f_y$（％）两者中的较大值。

6.2 箍筋及钢筋焊接网片

6.2.1 在抗震设防烈度为 8 度及 8 度以下的地区，高延性高强冷轧带肋 CRB600H 级钢筋可用作钢筋混凝土结构抗震等级为二、三、四级的框架梁、柱箍筋以及剪力墙边缘构件的箍筋，箍筋构造措施应符合现行国家标准《混凝土结构设计规范》GB 50010 和《建筑抗震设计规范》GB 50011 的有关规定。

6.2.2 当高延性高强冷轧带肋 CRB600H 级钢筋用作砌体结构中的构造柱、圈梁的钢筋或拉结筋、拉结网片时，配筋构造应符合现行国家标准《砌体结构设计规范》GB 50003 和《建筑抗震设计规范》GB 50011 的有关规定。

6.2.3 高延性高强冷轧带肋 CRB600H 级钢筋网片可作为梁、柱、墙中厚度较大的保护层中构造钢筋及叠合板中后浇叠合层的钢筋网片，其构造应符合现行国家标准《混凝土结构设计规范》GB 50010 的有关规定。

6.2.4 当高延性高强冷轧带肋 CRB600H 级钢筋用作砌体结构加固中的钢筋网水泥砂浆面层、构造柱、圈梁的钢筋或拉结筋、拉结网片时，配筋构造应符合现行国家标准《砌体结构加固设计规范》GB50702 和《建筑抗震设计规范》GB 50011 的有关规定。

6.3 混凝土板

6.3.1 板中受力钢筋的间距，当板厚不大于 150 mm 时不宜大于 200 mm；当板厚大于 150 mm 时不宜大于板厚的 1.5 倍，且不宜大于 250 mm。

6.3.2 采用分离式配筋的多跨板，板底钢筋宜全部伸入支座；支座负弯矩钢筋向跨内延伸的长度应根据负弯矩图确定，并应满足钢筋锚固的要求。简支板或连续板下部纵向受力钢筋伸入支座的锚固长度不应小于钢筋直径的 10 倍，且宜伸至支座中心线位置。当连续板内温度、收缩应力较大时，伸入支座的长度宜适当增加。

6.3.3 按简支边或非受力边设计的现浇混凝土板，当与混凝土梁、墙整体浇筑或嵌固在砌体墙内时，应设置板面构造钢筋，并应符合下列规定：

1 钢筋直径不应小于 6 mm，间距不宜大于 200 mm，且单位宽度内的配筋面积不宜小于跨中相应方向板底钢筋截面面积的 1/3；与混凝土梁、混凝土墙整体浇筑的单向板非受力方向的单位宽度内钢筋截面面积尚不宜小于受力方向跨中板底钢筋截面面积的 1/3。

2 钢筋从混凝土梁边、柱边、墙边伸入板内的长度不宜小于 $l_0/4$，砌体墙支座处钢筋伸入板边的长度不宜小于 $l_0/7$。计算跨度 l_0 的取值：单向板按受力方向考虑，双向板应按短边方向考虑。

3 在楼板角部，宜沿两个方向正交、斜向平行或放射状布置附加钢筋，附加钢筋在两个方向的延伸长度不宜小于 $l_0/4$，其中，计算跨度 l_0 的取值应符合本条第 2 款的规定。

4 钢筋应在梁内、墙内或柱内有可靠锚固。

6.3.4 当按单向板设计时，除沿受力方向布置受力钢筋外，尚应在垂直于受力的方向布置分布钢筋，单位宽度上的分布钢筋截面面积不宜小于单位宽度上受力钢筋截面面积的 15%，且配筋率不宜小于 0.15%；分布钢筋直径不宜小于 5 mm，间距不宜大于 250 mm；当集中荷载较大时，分布钢筋截面面积尚应增加，且间距不宜大于 200 mm。

当有实践经验或可靠措施时，预制单向板的分布钢筋可不受本条限制。

6.3.5 装配整体式混凝土结构的叠合楼盖的受力钢筋、附加钢筋、桁架钢筋和分布钢筋的构造除应满足本标准的构造要求外，尚应符合国家现行标准《装配式混凝土建筑技术标准》GB/T 51231 和《装配式混凝土结构技术规程》JGJ 1 的有关规定。

6.4 混凝土剪力墙

6.4.1 在抗震烈度为 8 度及 8 度以下的地区，高延性高强冷轧带肋 CRB600H 级钢筋可用作钢筋混凝土结构抗震等级为二级的剪力墙的底部加强区以上，抗震等级为三级的剪力墙的分布钢筋，抗震等级为四级的剪力墙的受力钢筋和分布钢筋，其构造要求应符合现行国家标准《混凝土结构设计规范》GB 50010 和《建筑抗震设计规范》GB 50011 的有关规定。

6.4.2 采用高延性高强冷轧带肋 CRB600H 级钢筋的剪力墙，其分布钢筋的最小配筋率应符合现行国家标准《混凝土结构设计规范》GB 50010 和《建筑抗震设计规范》GB 50011 的有关规定。

6.4.3 预制混凝土剪力墙、多层预制装配式墙板以及外挂墙板的受力钢筋、分布钢筋和构造钢筋的构造除应符合本标准的规定外，尚应符合国家现行标准《装配式混凝土建筑技术标准》GB/T 51231 和《装配式混凝土结构技术规程》JGJ 1 的有关规定。

6.5 砌　　体

6.5.1 砌体中钢筋的保护层厚度应符合现行国家标准《砌体结构设计规范》GB 50003 和《砌体结构加固设计规范》GB 50702

的有关规定。

6.5.2 砌体结构房屋中的构造柱、圈梁等构件配筋及自承重墙的拉结筋、钢筋焊接网、灰缝配筋等均可采用高延性高强冷轧带肋 CRB600H 级钢筋，钢筋直径宜适当减小。

6.5.3 圈梁纵向钢筋数量不应少于 4 根，直径不应小于 10 mm，绑扎接头的搭接长度按受拉钢筋考虑，箍筋间距不应大于 300 mm。圈梁兼作过梁时，过梁部分的钢筋应按计算确定。

6.5.4 构造柱纵向配筋宜采用 4 根，直径为 12 mm；箍筋直径可采用 6 mm，其间距不宜大于 250 mm。且箍筋在柱上、下端宜适当加密。

6.5.5 网状配筋砖砌体中的体积配筋率不应小于 0.1%，且不应大于 1%。钢筋网的间距不应大于五皮砖，且不应大于 400 mm。

6.5.6 蒸压加气混凝土砌块砌体多层房屋承重墙体的内墙与外墙交接处，应沿墙高每两皮的水平灰缝内设置不少于 2 根直径为 5 mm 的拉结筋，其伸入墙体内的直线长度不应少于 1 m。

6.6 配 筋 砌 体

6.6.1 钢筋的设置应符合下列规定：

    1 设置在灰缝中的钢筋直径不宜大于灰缝厚度的 1/2；

    2 水平纵向钢筋净距不应小于 50 mm；

    3 柱和壁柱中的竖向钢筋的净距不宜小于 40 mm（包括接头处钢筋间的净距）。

6.6.2 钢筋接头应符合下列规定：

    1 钢筋的接头位置宜设置在受力较小处；

    2 受拉钢筋的搭接接头长度不应小于 $1.1l_a$，受压钢筋的搭接接头长度不应小于 $0.7l_a$，且不应小于 300 mm；

    3 当相邻接头钢筋的间距不大于 75 mm 时，其搭接长度应为 $1.2l_a$；当钢筋间的接头错开 20d 时，其搭接长度可不增加。

6.6.3 网状配筋砖砌体构件的构造应符合下列规定：

1 体积配筋率不应小于 0.1%，且不应大于 1%；

2 采用钢筋网时，钢筋的直径宜采用 5 mm，其间距不应大于 120 mm，且不应小于 30 mm；

3 钢筋网的间距不应大于五皮砖，且不应大于 400 mm；

4 网状配筋砖砌体的钢筋网应设置在砌体的水平灰缝中，灰缝厚度应保证上下至少各有 2 mm 厚的砂浆层。

6.6.4 配筋砌块砌体剪力墙的构造配筋应符合下列规定：

1 应在墙的转角、端部和孔洞的两侧配置竖向连续的钢筋，钢筋直径应为 12 mm；

2 应在洞口的底部和顶部设置不少于 2 根直径为 10 mm 的水平钢筋，其伸入墙内的长度不应小于 $40d$ 或 600 mm；

3 圈梁主筋设置不应少于 4 根直径为 10 mm 的钢筋，剪力墙其他部位的竖向和水平钢筋的间距不应大于墙长、墙高的1/3，且不应大于 900 mm；

4 剪力墙沿竖向和水平方向的构造钢筋配筋率均不应小于 0.1%。

6.6.5 当采用薄灰缝配筋砌体时，应有专门的砌块块型与其配套。

6.6.6 混凝土空心砌块砌体剪力墙的构造除应符合本标准的规定外，尚应符合现行国家标准《砌体结构设计规范》GB 50003 及国家其他现行有关标准的相关规定。

6.7 蒸压加气混凝土板

6.7.1 配有高延性高强冷轧带肋 CRB600H 级钢筋的蒸压加气混凝土板材，钢筋直径宜为 5～10 mm。

6.7.2 配有高延性高强冷轧带肋 CRB600H 级钢筋的蒸压加气混凝土受弯板材上部钢筋网片的纵向钢筋不应少于 2 根，且两端应各有 1 根横向锚固钢筋，直径与上部主筋相同。

6.7.3 当蒸压加气混凝土隔墙板配有高延性高强冷轧带肋 CRB600H 级钢筋时，墙板不应采用单排配筋网片；每块板纵向钢筋网片应配置不少于 3 根直径为 5 mm 的钢筋；横向分布钢筋宜采用直径为 5 mm 的钢筋，其间距宜为 500～600 mm。

6.7.4 当蒸压加气混凝土外墙墙板配有高延性高强冷轧带肋 CRB600H 级钢筋时，应通过计算确定并应保证每块板钢筋网片的纵向钢筋不少于 3 根，分布横向钢筋宜采用直径为 5 mm 的钢筋，其间距宜为 300～500 mm。

7 施 工

7.1 一 般 规 定

7.1.1 应用高延性高强冷轧带肋 CRB600H 级钢筋的混凝土结构工程施工除应符合本标准的规定外，尚应符合现行国家标准《混凝土结构工程施工规范》GB 50666 的规定；应用高延性高强冷轧带肋 CRB600H 级钢筋的砌体结构工程施工除应满足本标准的规定外，尚应符合现行国家标准《砌体结构工程施工规范》GB 50924 的规定；应用高延性高强冷轧带肋 CRB600H 级钢筋的蒸压加气混凝土配筋板的建筑工程施工除应满足本标准的规定外，尚应符合国家现行行业标准《蒸压加气混凝土建筑应用技术规程》JGJ/T 17 的规定。

7.1.2 常用的高延性高强冷轧带肋 CRB600H 级钢筋的性能除应符合本标准第 3.1 节的规定外，尚应符合现行国家标准《冷轧带肋钢筋》GB/T 13788 的规定；常用钢筋的公称直径、公称截面面积及理论重量，除应符合本标准附录 A 的规定外，尚应符合现行国家标准《冷轧带肋钢筋》GB/T 13788 的规定。

7.1.3 高延性高强冷轧带肋 CRB600H 级钢筋焊接网片宜采用专业化生产的成型钢筋；当需要进行钢筋代换时，应办理设计变更文件。

7.1.4 施工过程中应采取防止钢筋混淆、锈蚀或损伤的措施；当发现钢筋有脆断、焊接性能不良或力学性能显著异常等现象时，应停止使用该批钢筋，并应对该批钢筋进行化学成分检验或其他专项检验。

7.1.5 进场钢筋应按直径、规格分别堆放和使用，并应有明显的标志；长时间露天储存时，应有防水、防潮措施。

7.1.6 在浇筑混凝土之前，应按现行国家标准《混凝土结构工程施工规范》GB 50666 的规定进行钢筋隐蔽工程的验收。

7.2 钢 筋 加 工

7.2.1 高延性高强冷轧带肋 CRB600H 级钢筋加工前应将表面清理干净，不应使用表面有颗粒状、片状老锈或有损伤的钢筋；钢筋加工宜在常温状态下进行，加工过程中不应对钢筋进行加热；钢筋应一次弯折到位。

7.2.2 成盘供应的高延性高强冷轧带肋 CRB600H 级钢筋应采用机械设备进行调直，调直设备不应具有延伸功能，钢筋调直过程中不应损伤带肋钢筋的横肋。调直后的钢筋应平直，不应有局部弯折。

7.2.3 高延性高强冷轧带肋 CRB600H 级钢筋网片成型加工时，钢筋网片交叉点的焊接应采用焊机进行的电阻点焊工艺，不应采用对焊或手工电弧焊工艺。

7.2.4 高延性高强冷轧带肋 CRB600H 级钢筋弯折后平直段长度应符合设计要求及现行国家标准《混凝土结构设计规范》GB 50010 的有关规定，弯折的弯弧内直径应符合下列规定：

    1 钢筋末端可不制作弯钩。当钢筋末端需制作 90°或 135°弯钩时，钢筋的弯弧内直径不应小于钢筋直径的 5 倍。

    2 箍筋弯折半径尚不应小于纵向受力钢筋直径；当箍筋弯折处纵向受力钢筋为搭接钢筋或并筋时，应按钢筋实际排布情况确定箍筋弯弧内直径。

7.2.5 箍筋、拉筋的末端应按设计要求制作弯钩，并应符合下列规定：

    1 对一般结构构件，箍筋弯钩的弯折角度不应小于 90°，弯折后平直段长度不应小于箍筋直径的 5 倍；对有抗震设防要求或设计有专门要求的结构构件，箍筋弯钩的弯折角度不应小于 135°，弯折后平直段长度不应小于箍筋直径的 10 倍和 75 mm 的较大值。

2 圆形箍筋的搭接长度不应小于其受拉锚固长度，且两末端均应作不小于 135°的弯钩。对一般结构构件，弯折后平直段长度不应小于箍筋直径的 5 倍；对有抗震设防要求的结构构件，弯折后平直段长度不应小于箍筋直径的 10 倍和 75 mm 的较大值。

3 当拉筋用作梁、柱复合箍筋中单肢箍筋或梁腰筋间拉结筋时，两端弯钩的弯折角度均不应小于 135°，弯折后平直段长度应符合本条第 1 款对箍筋的有关规定；当拉筋用作剪力墙、楼板等构件中拉结筋时，两端弯钩可采用一端 135°、另一端 90°的弯折角度，弯折后平直段长度不应小于拉筋直径的 5 倍。

7.3 钢筋连接与安装

7.3.1 钢筋接头宜设置在受力较小处，同一纵向受力钢筋不宜设置两个或两个以上接头。接头末端至钢筋弯起点的距离，不应小于钢筋直径的 10 倍。

7.3.2 钢筋网片焊接的质量要求应符合国家现行行业标准《钢筋焊接网混凝土结构技术规程》JGJ 114 的有关规定。

7.3.3 梁、柱类构件的纵向受力钢筋搭接长度范围内的箍筋及其他横向构造钢筋，应符合现行国家标准《混凝土结构设计规范》GB 50010 的有关规定。

7.3.4 抗震等级为四级和非抗震结构的梁、柱类构件以及抗震结构中的次梁，其纵向受力钢筋搭接长度范围内的箍筋及其他横向构造钢筋，应符合现行国家标准《混凝土结构设计规范》GB 50010 的有关规定。

7.3.5 构件交接处应优先保证主要受力构件和构件中主要受力方向的钢筋位置。框架节点处梁纵向受力钢筋宜放在柱纵向钢筋内侧；当主、次梁底部标高相同时，次梁下部钢筋应放在主梁下部钢筋之上；剪力墙中水平分布钢筋宜放在外侧，并宜在墙端弯折锚固。

7.3.6 钢筋安装时应采用定位件固定钢筋的位置，并宜采用专用定位件。定位件应具有足够的承载力、刚度、稳定性和耐久性。定位件的数量、间距和固定方式，应能保证钢筋的位置偏差符合国家现行有关标准的规定。混凝土框架梁、柱保护层内，不宜采用金属定位件。

7.3.7 钢筋安装时应采取防止钢筋受模板、模具内表面的脱模剂污染的措施。

7.3.8 混凝土构造柱与墙体连接应符合设计要求；当设计无具体要求时，应符合下列规定：

1 墙体应砌成马牙槎，马牙槎凹凸尺寸不宜小于 60 mm，高度不应超过 300 mm。马牙槎应先退后进，对称砌筑。马牙槎尺寸偏差每一构造柱不应超过 2 处；应先砌墙，后浇构造柱。

2 预留拉结钢筋的规格、尺寸、数量及位置应正确，拉结钢筋应采用不少于 2 根直径为 5 mm 的钢筋。

3 施工中不得任意弯折拉结钢筋。

8 质量验收

8.1 一般规定

8.1.1 采用高延性高强冷轧带肋 CRB600H 级钢筋的工程质量验收，除应满足本标准的规定外，尚应符合国家现行标准《混凝土结构工程施工质量验收规范》GB 50204、《砌体工程施工质量验收规范》GB 50203、《建筑结构加固工程施工质量验收规范》GB 50550 和《蒸压加气混凝土建筑应用技术规程》JGJ/T 17 的规定。

8.1.2 钢筋应按国家现行有关标准的规定抽样检验屈服强度、抗拉强度、伸长率、弯曲性能及单位长度重量偏差，检验结果应符合现行国家标准《冷轧带肋钢筋》GB/T 13788 的规定。钢筋调直后应进行力学性能和重量偏差的检验，其强度应符合国家现行有关标准的规定。盘卷钢筋和直条钢筋调直后的断后伸长率、重量负偏差应符合表 8.1.2 的规定。

表 8.1.2 盘卷钢筋和直条钢筋调直后的断后伸长率、重量负偏差要求

钢筋牌号	断后伸长率 δ_5 /%	重量负偏差 /%
高延性高强冷轧带肋 CRB600H 级钢筋	≥14	≤4

注：1 断后伸长率 δ_5 的量测标距为 5 倍钢筋公称直径；

2 重量负偏差（%）按公式（$W_o - W_d$）/ W_o×100 计算，其中 W_o 为钢筋理论重量（kg/m），W_d 为调直后钢筋的实际重量（kg/m）。

8.1.3 钢筋应平直、无损伤，表面不得有裂纹、油污、颗粒状或片状老锈。

8.2 进场检验

8.2.1 钢筋进场时应检查钢筋出厂质量合格证明书，标牌应标明钢筋的生产企业、钢筋直径等信息。

8.2.2 钢筋进场检验批的确定：

1 对同一厂家、同一类型、同一钢筋来源的钢筋，质量不超过30 t为一个检验批。当一次进场的数量大于一个检验批量时，应划分为若干个检验批进行抽样检验。

2 对同一厂家、同一类型、同一钢筋来源的钢筋，当一次进场的数量小于或等于一个检验批量时，应作为一个检验批进行抽样检验。

3 对不同时间进场的同批钢筋，当确有可靠依据时，可按本条第1、2款的检验批的划分原则进行抽样检验。

8.2.3 进场钢筋的检验项目应包括外观质量、重量偏差、拉伸试验（量测抗拉强度和伸长率）和弯曲试验。

8.2.4 钢筋的外观质量应全数目测检查。钢筋表面不得有裂纹、毛刺及影响性能的锈蚀、机械损伤、外形尺寸偏差。

8.2.5 钢筋的拉伸试验、弯曲试验应按现行国家标准《金属材料 拉伸试验 第1部分：室温试验方法》GB/T 228.1和《金属材料 弯曲试验方法》GB/T 232的有关规定执行。

8.3 验　　收

8.3.1 受力钢筋的弯钩和弯折应符合本标准第7.2.4条的规定，箍筋、拉筋的末端应按设计要求制作弯钩，并应符合本标准第7.2.5条的规定。

8.3.2 钢筋调直应符合本标准第8.1.2的规定，钢筋加工的形状、尺寸应符合设计要求，其允许偏差应符合表8.3.2的规定。

表 8.3.2　钢筋加工的允许偏差

项目	允许偏差/mm
受力钢筋顺长度方向全长的净尺寸	±10
弯起钢筋的弯折位置	±20
箍筋内净尺寸	±5

8.3.3 纵向受力钢筋的连接方式应符合设计要求。

8.3.4 钢筋安装时，受力钢筋的品种、级别、规格和数量必须符合设计要求。

8.3.5 钢筋安装位置的允许偏差和检验方法应符合表 8.3.5 的规定。

表 8.3.5　钢筋安装位置的允许偏差和检验方法

项目			允许偏差/mm	检验方法
绑扎钢筋网	长、宽		±10	钢尺检查
	网眼尺寸		±20	钢尺量连续三档，取最大值
绑扎钢筋骨架	长		±10	钢尺检查
	宽、高		±5	钢尺检查
受力钢筋	间距		±10	钢尺量两端、中间一点，取最大值
	排距		±5	
	混凝土保护层厚度	板、墙、壳 ±3		钢尺检查
绑扎箍筋、横向钢筋间距			±20	钢尺量连续三档，取最大值
钢筋弯起点位置			20	钢尺检查
预埋件	中心线位置		5	钢尺检查
	水平高差		+3，0	钢尺和塞尺检查

注：1　检查预埋件中心线位置时，应沿纵、横两个方向量测，并取其中最大值；

　　2　表中板类构件上部纵向受力钢筋保护层厚度的合格点率应达到 90% 及以上，且不得有超过表中数值 1.5 倍的尺寸偏差。

附录 A 常用高延性高强冷轧带肋 CRB600H 级钢筋公称直径、公称截面面积及理论重量

公称直径/mm	公称截面面积/mm²	理论重量/kg·m⁻¹
5	19.6	0.154
6	28.3	0.222
6.5	33.2	0.261
7	38.5	0.302
8	50.3	0.395
9	63.6	0.499
10	78.5	0.617
11	95.0	0.746
12	113.1	0.888

本标准用词说明

1 为便于在执行本标准条文时区别对待，对要求严格程度不同的用词说明如下：

    1）表示很严格，非这样做不可的：

        正面词采用"必须"，反面词采用"严禁"；

    2）表示严格，在正常情况下均应这样做的：

        正面词采用"应"，反面词采用"不应"或"不得"；

    3）表示允许稍有选择，在条件许可时首先应这样做的：

        正面词采用"宜"，反面词采用"不宜"；

    4）表示有选择，在一定条件下可以这样做的，采用"可"。

2 条文中指明应按其他有关标准执行的写法为："应符合……的规定"或"应按……执行"。

引用标准名录

《建筑结构可靠度设计统一标准》GB 50068

《砌体结构设计规范》GB 50003

《混凝土结构设计规范》GB 50010

《建筑抗震设计规范》GB 50011

《砌体结构加固设计规范》GB 50702

《装配式混凝土建筑技术标准》GB/T 51231

《砌体工程施工质量验收规范》GB 50203

《混凝土结构工程施工质量验收规范》GB 50204

《建筑结构加固工程施工质量验收规范》GB 50550

《墙体材料应用统一技术规范》GB 50574

《砌体结构工程施工规范》GB 50924

《混凝土结构工程施工规范》GB 50666

《金属材料 拉伸试验 第1部分：室温试验方法》GB/T 228.1

《金属材料 弯曲试验方法》GB/T 232

《冷轧带肋钢筋》GB/T 13788

《蒸压加气混凝土板》GB 15762

《冷轧带肋钢筋混凝土结构技术规程》JGJ 95

《装配式混凝土结构技术规程》JGJ 1

《钢筋焊接网混凝土结构技术规程》JGJ 114

《蒸压加气混凝土建筑应用技术规程》JGJ/T 17

《蒸压加气混凝土板钢筋涂层防锈性能试验方法》JC/T 855

湖南省工程建设地方标准

高延性高强冷轧带肋钢筋应用技术标准

Technical standard for cold-rolled
ribbed high strength steel bar with
high elongation

DBJ 43/T 352—2019

条文说明

目　次

1 总 则

1.0.1~1.0.2 高延性高强冷轧带肋 CRB600H 级钢筋是国内近年来研制开发的新型带肋钢筋，直径为 5～12 mm，其生产工艺特点是对热轧低碳盘条钢筋进行冷轧后增加了回火热处理过程，使钢筋有屈服台阶，强度和伸长率指标均有显著提高。CRB600H 级钢筋在生产过程中不需要添加钒、钛等合金元素，这样可节省宝贵的合金资源，使其总耗能低于普通低合金热轧钢筋，确保其在工程中推广应用时符合国家的节能环保政策。

高延性高强冷轧带肋 CRB600H 级钢筋与普通冷轧带肋钢筋有质的区别，其性能明显优于普通冷轧带肋钢筋，其外形与细直径热轧带肋钢筋相似，可加工性能良好，极限强度标准值 $f_{stk} = 600$ N/mm^2，屈服强度标准值 $f_{yk} = 540$ N/mm^2，断后伸长率 $\delta_5 \geqslant 14\%$，最大力下的总伸长率 $\delta_{gt} \geqslant 5\%$，总伸长率指标达到了 RRB400 级钢筋的延性指标要求，可用于考虑塑性内力重分布的结构。高延性高强冷轧带肋 CRB600H 级钢筋直径不大于 12 mm，应用于混凝土板、墙、PC 构件、配筋砌体等构（配）件时有着其他高强钢筋不可比拟的优势。CRB600H 级钢筋的强度明显高于目前常用的 HRB400 级热轧带肋钢筋，而价格较低，用作混凝土结构构件的受力钢筋和分布钢筋时，既可减少钢筋用量，又可降低造价，还能方便施工，社会效益和经济效益均十分显著。当前，高延性高强冷轧带肋 CRB600H 级钢筋的生产设备的性能又有了质的提升，所生产的 CRB600H 级钢筋产品质量稳定，为其推广应用奠定了坚实的基础。

本标准主要适用于工业与民用建筑的混凝土结构及配筋砌体、构造柱、圈梁、钢筋网、蒸压加气混凝土板材等结构工程。市政工程、交通工程、铁路工程、港工、水工及一般构筑物中采用高延性高强冷轧带肋 CRB600H 级钢筋的板类构件、墙体、桥面铺装、路面、高速铁路预制箱梁顶部铺装层、双块式轨枕、轨道底座、梁柱（箍筋）、城市地铁衬砌、港口码头堆场等混凝土结构工程的施工也可按本标准执行。

CRB600H 级钢筋的生产工艺表明，该钢筋是由普通 Q235 级热轧钢筋经过缩颈、轧肋、中频在线回火热处理的再加工工艺制成的，已全然不是传统冷轧带肋钢筋仅有的缩颈、轧肋的生产方式，从而解决了传统冷轧带肋钢筋延性差、易生锈的弊病。

高延性高强冷轧带肋 CRB600H 级钢筋具有以下优点和应用意义：

（1）高强度。抗拉强度提高至 600 N/mm²，强度设计值明显高于目前市面上常见的 HPB300 级、HRB335 级和 HRB400 级热轧钢筋，这使得相对较少的钢筋用量就能够满足相同的强度要求。

（2）高延性。高延性高强冷轧带肋 CRB600H 级钢筋相对于普通冷轧带肋钢筋的伸长率提高幅度达 50%，尤其是平均最大力总延伸率的提高幅度达 1.5 倍，极大地提高了钢筋的延性和抗震性能，能有效防止钢筋突然脆断，保证地震中结构的抗震安全性。

（3）应用范围广。钢筋强度设计值的提高，拓展了钢筋的应用范围。高延性高强冷轧带肋 CRB600H 级钢筋不仅适用于现浇楼板和楼盖，还适用于剪力墙、圈梁、砌体等。

（4）生产自动化。钢筋生产线自动化程度高，能够使劳动强度大幅降低，进而节约劳动力成本。

（5）节约成本。每使用 1 t 高延性高强冷轧带肋 CRB600H 级钢筋，与热轧Ⅲ级钢相比，可节约钢材约 0.15 t，从而降低造价、节约成本，具有非常明显的经济效益。

（6）施工进度快。钢筋主要直径为 5~12 mm，可根据工程需要定尺供货。用作混凝土板类等构件的受力钢筋和分布钢筋时，既可减少钢筋用量，又可方便施工。

（7）升级换代。高延性高强冷轧带肋 CRB600H 级钢筋在强度、延性和设计值三方面的同步提高，标志着其在传统的冷轧带肋钢筋的基础上有了创新和提高，对促进冷轧钢筋的升级换代发挥了重要作用。高延性高强冷轧带肋 CRB600H 级钢筋的生产依据及各项性能指标按现行国家标准《冷轧带肋钢筋》GB/T 13788 的有关规定执行。

1.0.3 采用高延性高强冷轧带肋 CRB600H 级钢筋混凝土结构或构件的技术要求，除应符合本标准的规定外，尚应符合国家或相关行业如房屋建筑、市政工程、公路桥梁、高速铁路、港工、水工等现行标准的有关规定。

高延性高强冷轧带肋 CRB600H 级钢筋用于混凝土路面、桥面铺装以及隧道、水工、铁路混凝土结构或构件的设计、施工除应符合本标准的规定外，尚应符合国家现行行业标准《公路水泥混凝土路面设计规范》JTG D40、《城镇道路路面设计规范》CJJ 169、《公路钢筋混凝土及预应力混凝土桥涵设计规范》JTG 3362、《城市桥梁设计规范》CJJ 11、《水工混凝土结构设计规范》SL 191、《水工混凝土结构设计规范》DL/T 5057、《铁路轨道设计规范》TB 10082、《高速铁路设计规范》TB 10621 和《铁路桥涵混凝土结构设计规范》TB 10092 的有关规定。

2 术语和符号

2.1 术 语

2.1.1 高延性高强冷轧带肋 CRB600H 级钢筋是由热轧低碳盘条钢筋经缩颈、轧肋、回火热处理后而成的,其极限强度标准值 $f_{stk} = 600 \text{ N/mm}^2$,屈服强度标准值 $f_{yk} = 540 \text{ N/mm}^2$,断后伸长率 $\delta_5 \geqslant 14\%$,最大力下的总伸长率 $\delta_{gt} \geqslant 5\%$,且直径不大于 12 mm。

国家现行行业标准《高延性冷轧带肋钢筋》YB/T 4260 规范了这种钢筋的性能指标,由于有冷轧工艺过程,CRB600H 级钢筋被编入了新修订的国家标准《冷轧带肋钢筋》GB/T 13788。本编制组认为这种命名及归类是欠妥当的,因名中有"冷轧"二字,人们很容易将其误认为是传统的冷轧带肋钢筋,从而联想起传统冷轧带肋钢筋延性差、易锈蚀的弱点,在工程中往往不愿采用。再加上国家技术导向及相关设计标准均明令指出应大力推广应用热轧钢筋,因此《冷轧带肋钢筋》GB/T 13788 在推广应用中存在一定的障碍(已有多部国家及行业标准明令指出非热轧钢筋不许采用)。

之所以说将其归类于"冷轧带肋钢筋"欠妥,是因为这种钢筋所用的母料是热轧盘条钢筋,而不是热轧钢筋所用的母材——钢坯。将这种有着热加工过程的钢筋单纯地命名为"冷轧",显然不够全面。再者,在其生产工艺中,钢筋又在 450 ℃～480 ℃ 条件下进行了中频在线回火热处理,在获得高强度的同时,延性又大幅提高,具有较为明显的屈服台阶。

2.2　符　　号

　　本节所列符号是按照现行国家标准《工程结构设计基本术语标准》GB/T 50083 规定的原则制定的，其中大部分符号与现行国家标准《建筑结构可靠度设计统一标准》GB 50068、《建筑抗震设计规范》GB 50011、《混凝土结构设计规范》GB 50010、《混凝土结构工程施工规范》GB 50666、《混凝土结构工程施工质量验收规范》GB 50204、《砌体结构设计规范》GB 50003、《砌体结构工程施工规范》GB 50924、《砌体工程施工质量验收规范》GB 50203、《砌体结构加固设计规范》GB 50702、《建筑结构加固工程施工质量验收规范》GB 50550、《蒸压加气混凝土板》GB 15762、《蒸压加气混凝土建筑应用技术规程》JGJ/T 17 以及钢产品标准所采用的相同。

3 材　　料

3.1 钢　　筋

3.1.1~3.1.2　近年来，高延性高强冷轧带肋 CRB600H 级钢筋的专用生产设备进行了换代升级，实现了优质、高效、稳定的自动化规模生产，产品质量有了充分保障，钢筋的强度标准值具有不小于 95％的保证率。目前，国家现行行业标准《冷轧带肋钢筋混凝土结构技术规程》JGJ 95 将高延性高强冷轧带肋 CRB600H 级钢筋屈服强度标准值 f_{yk} 取为 520 N/mm²，而《冷轧带肋钢筋》GB/T 13788 将其取为 540 N/mm²，结合我省情况，本标准按现行国家标准《冷轧带肋钢筋》GB/T 13788 取值，将 CRB600H 高强钢筋屈服强度标准值 f_{yk} 取为 540 N/mm²。

现行国家标准《混凝土结构设计规范》GB 50010 中规定钢筋的强度设计值为强度标准值除以钢筋材料分项系数，国家现行行业标准《冷轧带肋钢筋混凝土结构技术规程》JGJ 95 取高延性高强冷轧带肋 CRB600H 级钢筋的材料分项系数为 1.25，由表3.1.1 中高延性高强冷轧带肋 CRB600H 级钢筋屈服强度标准值 f_{yk} ＝540 N/mm²，除以材料分项系数 1.25 得 432 N/mm²，偏于安全考虑，取带肋热处理钢筋的强度设计值 f_y ＝430 N/mm²。

由于高延性高强冷轧带肋 CRB600H 级钢筋的弹性模量取 E_s ＝1.90×10⁵ N/mm²，其抗压强度设计值 f'_y ＝$E_s \varepsilon_0$ ≈ 1.90× 10^5 ×0.002＝380 N/mm²。

当构件采用不同强度等级的钢筋时，每种钢筋应采用各自的强度设计值，横向钢筋的抗拉强度设计值 f_y 应按表 3.1.2 中的数值采用；当采用受剪、受扭和抗冲切承载力计算且其数值大于 360 N/mm² 时，应取 360 N/mm²。

市政工程、公路桥梁、高速铁路、港工、水工等不同类型的工程结构有其各自使用特点，其钢筋强度设计值取值的原则有所不同，当高延性高强冷轧带肋 CRB600H 级钢筋应用于上述工程时，钢筋强度设计值可由表 3.1.1 中高延性高强冷轧带肋 CRB600H 级钢筋强度标准值依据相应的设计规范要求确定。

3.1.3～3.1.4 为便于设计人员了解钢筋的延性和变形性能，本标准将高延性高强冷轧带肋 CRB600H 级钢筋的最大力下的总伸长率要求和弹性模量一并列出。

3.1.5 国外很早就开始对冷轧带肋钢筋的疲劳性能进行试验研究。早在 1972 年德国钢筋产品标准 DIN 488-1 中就有规定，当冷轧带肋钢筋（直条形式）的疲劳次数超过 200 万次时，钢筋的疲劳应力幅值应不低于 230 N/mm^2。相应地，1972 年版和 1978 年版的德国钢筋混凝土设计规范 DIN 1045 将疲劳应力幅值也定为此值，而 2001 年版将其定为 190 N/mm^2。2004 年版的欧洲混凝土结构设计规范 EN 1992 对 A 级延性的冷加工钢筋进行了规定：当钢筋的上限应力不超过 300 N/mm^2，疲劳次数超过 200 万次时，钢筋的疲劳应力幅值应不低于 150 N/mm^2。

国内的试验结果表明，高延性高强冷轧带肋 CRB600H 级钢筋具有较好的抗疲劳性能，考虑到一些可能的不利影响因素，取 95％保证率，在满足 200 万次疲劳次数的条件下，钢筋的应力幅值仍可达到 200 N/mm^2 以上。

根据国内外的有关标准规定和大量试验研究结果，高延性高强冷轧带肋 CRB600H 级钢筋可用于疲劳荷载，主要限制疲劳应力幅值（为稳妥起见，仅限用于板类构件）。在疲劳应力比值不小于 0.2，钢筋的最大应力不超过 300 N/mm^2 的情况下，高延性高强冷轧带肋 CRB600H 级钢筋疲劳应力幅值定为 150 N/mm^2 是安全可靠的。

3.2 混 凝 土

3.2.1 高延性高强冷轧带肋 CRB600H 级钢筋应与较高强度的

41

混凝土相匹配，本标准规定混凝土强度等级不宜低于 C30，不应低于 C25。

3.3 蒸压加气混凝土板及砌体材料

3.3.1 蒸压加气混凝土板材由于在制作过程中有严格的养护制度（高压、高温下十几个小时）保证，材料水化反应彻底，制品性能稳定且耐久性好。现行国家标准《墙体材料应用统一技术规范》GB 50574 规定应用于外墙的蒸压加气混凝土砌块强度等级不应低于 A3.5。

4 基本设计规定

4.1 钢筋应用范围

4.1.1 在需要较大承载力、较大配筋率的结构或构件中，钢筋用量按承载能力计算确定。钢筋的强度越高，钢筋的用量越少。所以宜优先选用强度较高的钢筋。

我国生产的同一强度级别的热轧高强钢筋有三个品种（微合金热轧带肋钢筋 HRB、细晶粒热轧带肋钢筋 HRBF、余热处理带肋钢筋 RRB），其价格和性能均有一定差别，对强度、延性和加工适应性均要求较高的结构构件宜采用 HRB500 级、HRBF500 级、HRB400 级、HRBF400 级钢筋，对延性要求不是很高的板类构件则可采用价格相对较低的 RRB400 级钢筋或 CRB600H 级高强钢筋，做到精打细算、物尽其用，以取得更为显著的社会效益和经济效益。

我国生产的屈服强度标准值为 335 N/mm²、400 N/mm² 和 500 N/mm² 的热轧带肋钢筋外形均为两面纵肋、月牙形横肋，其差别主要在于钢筋表面的标志，仅从外形上不易区分，在调查中曾发现有工地加工钢筋时将不同强度等级钢筋混淆的情况。在同一类构件中不宜将不同级别的纵向受力钢筋混用，以免出现差错。采用钢筋集中加工配送的方式，可避免出现不同强度等级、不同品种钢筋混淆的现象，是今后钢筋加工的发展方向。

由于高延性高强冷轧带肋 CRB600H 级钢筋抗拉强度实测值与屈服强度实测值的比值最高为 1.15，钢筋在最大力下的总伸长率实测值为 5%，不满足《建筑抗震设计规范》GB 50011 对抗震等级为一、二、三级的框架和斜撑构件（含梯段）纵向受力钢筋的要求，且为小直径，故高延性高强冷轧带肋 CRB600H 级钢筋暂不得用作抗震等级为一、二、三级的框架和斜撑构件的梁、柱纵向受力钢筋。

4.2　基本设计规定

4.2.1~4.2.2　现行国家标准《混凝土结构设计规范》GB 50010、《建筑抗震设计规范》GB 50011以及其他相关的设计规范已明确将屈服强度标准值为 400 N/mm^2 和 500 N/mm^2 的钢筋作为混凝土结构的主要受力钢筋，并规定了相应的设计要求；国家现行行业标准《冷轧带肋钢筋混凝土结构技术规程》JGJ 95 中也列入了高延性高强冷轧带肋 CRB600H 级钢筋的设计要求。采用高延性高强冷轧带肋 CRB600H 级钢筋配筋的混凝土结构或构件的设计应符合上述标准的基本设计规定。

4.2.4~4.2.6　高延性高强冷轧带肋 CRB600H 级钢筋工程应用时应考虑不同类型工程结构的使用特点和要求，并符合相应规范的设计施工和构造规定。

5 结构构件设计

5.1 混凝土结构构件

5.1.3~5.1.4 配有高延性高强冷轧带肋 CRB600H 级钢筋的普通钢筋混凝土构件的挠度限值、裂缝控制等级、最大裂缝宽度限值以及最大裂缝宽度的计算应符合国家现行行业标准《冷轧带肋钢筋混凝土结构技术规程》JGJ 95 的有关规定。

5.2 砌体结构构件

5.2.1 配有高延性高强冷轧带肋 CRB600H 级钢筋的砌体结构构件设计应符合现行国家标准《砌体结构设计规范》GB 50003 的有关规定。

5.2.2 配有高延性高强冷轧带肋 CRB600H 级钢筋对砌体结构构件加固设计时应符合现行国家标准《砌体结构加固设计规范》GB 50702 的有关规定。

5.3 蒸压加气混凝土配筋板

5.3.2 蒸压加气混凝土配筋受弯板材厚度不小于 200 mm 时，斜截面抗剪承载力一般能满足公式（5.3.2）的要求。

5.3.3 鉴于蒸压加气混凝土板材用作受弯构件时需采取与蒸压加气混凝土板材相适应的板面构造（屋面板、楼板的构造各不相同），设计时要注意荷载确定的合理性。虽然本条规定了板的最大挠度限值为 $l_0/200$，但按国家现行行业标准《蒸压加气混凝土建筑应用技术规程》JGJ/T 17 给出的板材企口进行板间连接，板的挠度将远小于计算值。

5.3.5 本条对钢筋防锈处理提出了明确要求，这是配筋构件的关键性技术要求。工程实践表明，蒸压加气混凝土配筋构件的钢筋防锈工作没做好，是造成构件破坏或不能使用的主要原因，因此钢筋防锈工作必须到位。

6 构 造

6.1 一 般 规 定

6.1.2 高延性高强冷轧带肋 CRB600H 级钢筋与普通热轧带肋钢筋外形相同，因其主要为细直径规格，锚固性能优于直径较大的普通热轧带肋钢筋。锚固试验结果表明，CRB600H 级高强钢筋的受拉钢筋的锚固长度 $l_a = \zeta_a l_{ab}$，其中，ζ_a 为锚固长度修正系数，按现行国家标准《混凝土结构设计规范》GB 50010 的有关规定取值；基本锚固长度 l_{ab} 可按公式 $l_{ab} = 0.12(f_y/f_t)d$ 计算；f_y、f_t 分别为钢筋和混凝土抗拉强度设计值；d 为钢筋的公称直径。取 CRB600H 级高强钢筋抗拉强度设计值 $f_y = 430 \text{ N/mm}^2$，$\zeta_a = 1$，按不同混凝土强度等级计算并适当取整后得到表 6.1.2 中的数值。

6.1.3~6.1.4 高延性高强冷轧带肋 CRB600H 级钢筋在生产过程中采用了冷轧工艺，且直径较小，不宜采用焊接（可采用电阻点焊）和机械连接方式，应采用绑扎搭接方式。搭接长度及搭接区段的构造要求均应符合现行国家标准《混凝土结构设计规范》GB 50010 的有关规定。

6.1.5 一般民用建筑的现浇混凝土楼板活荷载较小，其受力钢筋的用量大多由最小配筋率确定。对于板类受弯构件（悬臂板除外）的纵向受拉钢筋，最小配筋率取 0.15% 和 $45f_t/f_y$（%）两者中的较大值。钢筋的抗拉强度设计值越大，最小配筋率越小。因此，在板类构件中采用高延性高强冷轧带肋 CRB600H 级钢筋，无论是按承载力配筋还是按最小配筋率配筋，均可显著节约钢筋。

6.2 箍筋及钢筋焊接网片

6.2.1 高延性高强冷轧带肋 CRB600H 级钢筋的最大力下的总伸长率与现行国家标准《混凝土结构设计规范》GB 50010 中的 RRB400 级钢筋（$\delta_{gt} \geqslant 5\%$）相同。CRB600H 级钢筋用作梁、柱箍筋（包括约束箍筋）可改善混凝土构件的延性，提高塑性变形能力，已应用在国内较多工程中，使用效果和节材效果均较好。设计需要时可采用螺旋箍筋。

传统的冷轧带肋 CRB550 级钢筋在最大力下的总伸长率 δ_{gt} $\approx 2\%$，国家现行行业标准《冷轧带肋钢筋混凝土结构技术规程》JGJ 95 中对高延性高强冷轧带肋 CRB600H 级钢筋和 CRB550 级钢筋没有区分，统一按最大力下的总伸长率 $\delta_{gt} \geqslant 2\%$ 进行控制使用。考虑到高延性高强冷轧带肋 CRB600H 级钢筋的实际情况，本标准中将高延性高强冷轧带肋 CRB600H 级钢筋与 RRB400 级钢筋同等对待，但做了适当调整。

6.3 混 凝 土 板

6.3.2 本条规定基本与国家现行行业标准《冷轧带肋钢筋混凝土结构技术规程》JGJ 95 相同。高延性高强冷轧带肋 CRB600H 级钢筋直径偏细，为方便施工，将下部纵向受力钢筋伸入支座的锚固长度增加到 $10d$。

6.4 混凝土剪力墙

6.4.1 国家现行行业标准《冷轧带肋钢筋混凝土结构技术规程》JGJ 95 将 CRB550 级钢筋（$\delta_{gt} \approx 2\%$）和高延性高强冷轧带肋 CRB600H 级钢筋（$\delta_{gt} \geqslant 5\%$）统一考虑，规定冷轧带肋钢筋用于剪力墙底部加强层以上的墙体分布筋。高延性高强冷轧带肋 CRB600H 级钢筋的最大力下的总伸长率与现行国家标准《混凝土结构设计规范》GB 50010 中的 RRB400 级钢筋相同，而现行国家标准《混凝土结构设计规范》GB 50010 对 RRB400 级钢筋用作剪力墙分布筋并无限制，故本标准取消了对高延性高强冷轧带肋 CRB600H 级钢筋用作剪力墙分布筋的限制。此外，高延性高强冷轧带肋 CRB600H 级钢筋的刚度较好，其用作剪力墙分布筋时绑扎施工也很方便。

在国家现行行业标准《钢筋套筒灌浆连接应用技术规程》JGJ 355 制定之时，考虑到高延性高强冷轧带肋 CRB600H 级钢筋研发出来并推广应用不久，当剪力墙采用冷轧带肋钢筋时，未将其与 CRB550 级钢筋予以区分。现在高延性高强冷轧带肋 CRB600H 级钢筋在新设备研发成功情况下，性能可稳定达到标准规定，δ_{gt} 可以达到 5%，因此，可以考虑对其在剪力墙中的应用范围适当放宽。同时，剪力墙结构从下到上都采用高延性高强冷轧带肋 CRB600H 级钢筋，对于工程采购及施工操作来说，都比较简单。

6.5 砌 体

6.5.2 高延性高强冷轧带肋 CRB600H 级钢筋的各项性能指标均满足砌体结构中的混凝土构件及墙体拉结筋、钢筋网片的要求。这种钢筋具有较高的强度，故可以采用直径小 1 mm 的高延性高强冷轧带肋 CRB600H 级钢筋（如构造柱可用 11 mm 钢筋代换 12 mm 钢筋，拉结筋可以 5 mm 钢筋代换 6 mm 钢筋）。

6.7 蒸压加气混凝土板

6.7.1 蒸压加气混凝土板的结构性能试验表明，当采用高延性高强冷轧带肋 CRB600H 级钢筋后，钢筋与其制品的锚固效果相当理想，裂缝分布形式得到了很大改善，即配置光圆钢筋时裂缝间距由 120～140 mm 变为 60～80 mm，裂缝的形态由宽而疏变为细而密，充分体现了高延性冷轧带肋钢筋的锚固效果。此外，采用了高延性高强冷轧带肋 CRB600H 级钢筋后，其设计强度及延性也极具优势，建议企业形成配套技术，由此可获取更大的经济效益。

7 施 工

7.1 一般规定

7.1.2 现行国家标准《冷轧带肋钢筋》GB/T 13788 规定了高延性高强冷轧带肋 CRB600H 级钢筋的规格和物理力学性能指标，本标准第 3.1 节和附录 A 列出了相关指标。

7.2 钢筋加工

7.2.1 钢筋弯折应采用专用设备一次弯折到位；对于弯折过度的钢筋，不得回弯。

7.2.2 机械调直有利于保证钢筋质量，控制钢筋强度和伸长率；应采用机械设备进行调直，不允许采用冷拉方法进行调直。带肋钢筋进行调直时，应注意保护钢筋横肋，以避免横肋损伤造成钢筋锚固性能降低。钢筋无局部弯折，一般指钢筋中心线同直线的偏差不超过全长的 1%。

7.2.3 高延性高强冷轧带肋 CRB600H 级钢筋生产采用了冷加工工艺，不应采用对焊或手工电弧焊工艺。钢筋网纵横钢筋交叉点应采用电阻点焊工艺。

8 质量验收

8.1 一般规定

8.1.2 机械调直对钢筋性能影响较小，有利于保证钢筋质量，控制钢筋强度，是现行国家标准《混凝土结构工程施工规范》GB 50666 推荐采用的钢筋调直方式。根据现行国家标准《混凝土结构工程施工质量验收规范》GB 50204 第 5.3.4 条的规定，钢筋调直后应进行二次检验，只有采用无延伸功能的机械设备调直的钢筋可以不检。现行国家标准《混凝土结构工程施工规范》GB 50666 强调，机械调直设备不应具有延伸功能。无延伸功能可理解为机械调直设备的牵引力不大于钢筋的屈服力，可由施工单位检查并经监理（建设）单位确认。

8.2 进场检验

8.2.2 本条规定是根据现行国家标准《混凝土结构工程施工质量验收规范》GB 50204 中第 5.2.1 条的有关规定确定的。

8.3 验 收

8.3.1 纵向受力钢筋弯折后的平直段长度应符合设计要求及现行国家标准《混凝土结构设计规范》GB 50010 的有关规定。